Contraste insuffisant
NF Z 43-120-14

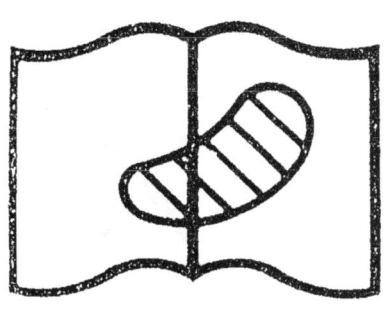

Illisibilité partielle

Valable pour tout ou partie
du document reproduit

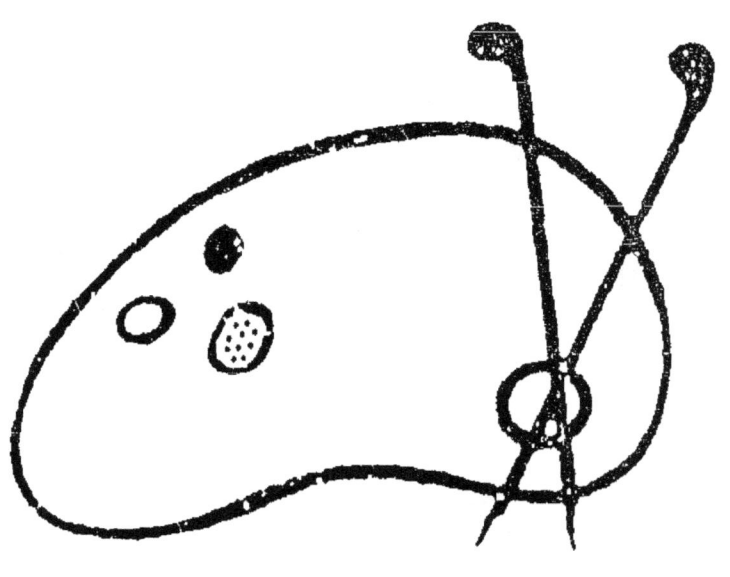

Début d'une série de documents en couleur

EXPOSITION UNIVERSELLE DE 1900

CONGRÈS INTERNATIONAL
DES MINES ET DE LA MÉTALLURGIE

RAPPORT

SUR

L'ÉTABLISSEMENT DES DYNAMITIÈRES

PAR

H. LE CHATELIER

INGÉNIEUR EN CHEF DES MINES

Extrait du *Bulletin de la Société de l'Industrie Minérale*. — Troisième série.
Tome XIV, 1900.

SAINT-ÉTIENNE
SOCIÉTÉ DE L'IMP. THÉOLIER — J. THOMAS & Cie
12, Rue Gérentet, 12

1900

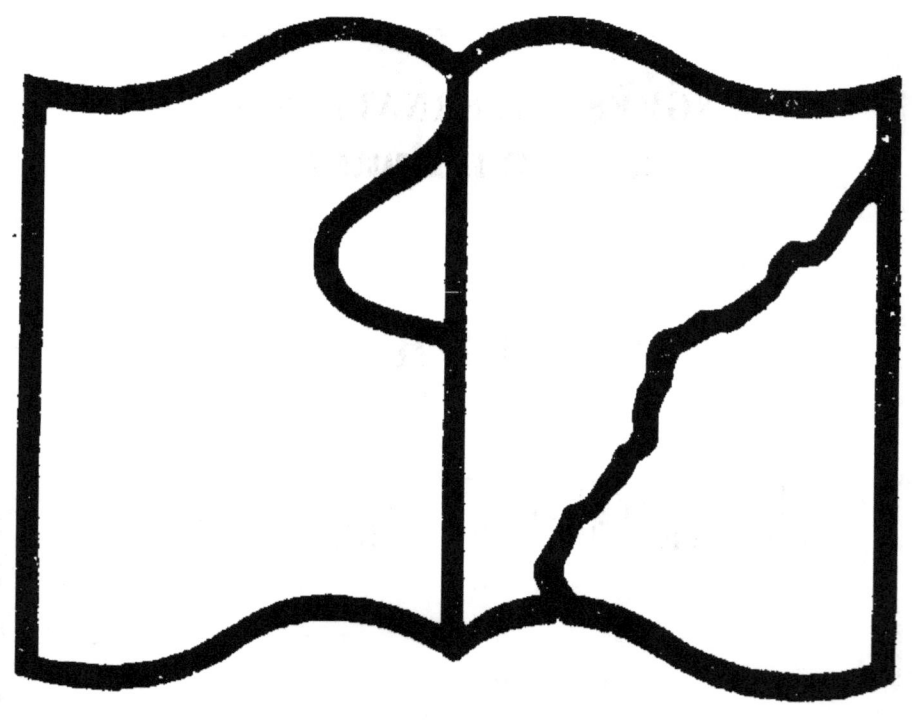

Texte détérioré — reliure défectueuse
NF Z 43-120-11

EXPOSITION UNIVERSELLE DE

CONGRÈS INTERNATIONAL DES MINES ET DE LA
(PARIS, 18-23 JUIN 1900)

COMMISSION D'ORGANISATION
Président.
M. HATON DE LA GOUPILLÈRE, inspecteur général des Mines, membre de l'Inst. directeur de l'Ecole nationale supérieure des Mines.

Vice-Présidents.
MM. FAYOL, ingénieur civil des Mines, directeur général de la Compagnie de Commentry, Fourchambault et Decazeville.
VICAIRE (Eugène), inspecteur général, vice-président du Conseil général es mines, professeur à l'Ecole nationale supérieure des Mines.
AGUILLON, inspecteur général des Mines, professeur à l'Ecole nationale supérieure des Mines.
BUQUET (Paul), directeur de l'Ecole centrale, président honoraire de la Société anonyme des Salines domaniales de l'Est, ancien président de la Société des Ingénieurs civils.

Secrétaire général.
M. GRUNER, ingénieur civil des Mines, secrétaire du Comité central des Houillères de France, 55, rue de Châteaudun, Paris.

Secrétaire-Trésorier.
M. DE CASTELNAU, ingénieur en chef des Mines, ingénieur-conseil des mines de la Grand-Combe et des mines de Nœux.

Secrétaires.
MM. BRESSON, ingénieur civil des Mines, ancien directeur des mines, usines et domaines de la Société Autrichienne-Hongroise des Chemins de fer de l'Etat.
BERGERON (Jules), ingénieur civil, professeur à l'Ecole centrale.
PELLÉ, ingénieur en chef des Mines, professeur à l'Ecole nationale supérieure des Mines.

Membres.

MM.
BIÉTRIX, gérant des forges et ateliers de la Chaléassière.
BOUCHERON, ingénieur civil, professeur à l'Ecole centrale.
BRULL, ancien président de la Société des Ingénieurs civils, membre du Conseil de la Société d'encouragement pour l'industrie nationale.
CARNOT (Adolphe), membre de l'Institut, inspecteur général des Mines, professeur à l'Ecole nationale supérieure des Mines.
COURIOT, ingénieur civil, professeur à l'Ecole centrale.
DARCY, président du Comité central des Houillères de France, de la Compagnie des Forges de Châtillon, Commentry et Neuves-Maisons, etc.
DELAFOND, inspecteur général des Mines.
DREUX, directeur des Aciéries de Longwy.
DUJARDIN-BEAUMETZ, ingénieur-conseil de la Compagnie de Carmaux.
DUVAL (E.), président du Conseil de la Compagnie de Fives-Lille.
LEDOUX, ingénieur en chef des Mines en retraite, ingénieur-conseil de la Compagnie d'Anzin et de la Société de Ronchamp, administrateur délégué de la Société minière et métallurgique de Penarroya.

MM.
LODIN, ingénieur en chef des Mines, professeur à l'Ecole nationale supérieure des Mines.
DE MONTGOLFIER, ingénieur en chef des Ponts et Chaussées, directeur de la Compagnie des Forges et Aciéries de la marine et des chemins de fer.
DE NERVO, président de la Société de Denain et d'Anzin, vice-président du Comité des Forges.
NIVOIT, inspecteur général des Mines, professeur à l'Ecole nationale des Ponts et Chaussées et à l'Ecole des hautes études commerciales.
PARRAN, ingénieur en chef des Mines en retraite, directeur de la Compagnie de Mokta-el-Hadid.
ROGÉ, maître de forges à Pont-à-Mousson.
ROLLAND, ingénieur en chef des Mines, maître de forges à Gorcy.
SCHNEIDER (Eugène), député, maître de forges au Creusot.
TAUZIN, ingénieur en chef des Mines, directeur de l'Ecole des mines de Saint-Etienne, président de la Société de l'Industrie minérale.
DE WENDEL (Robert), maître de forges, président du Comité des Forges de France.

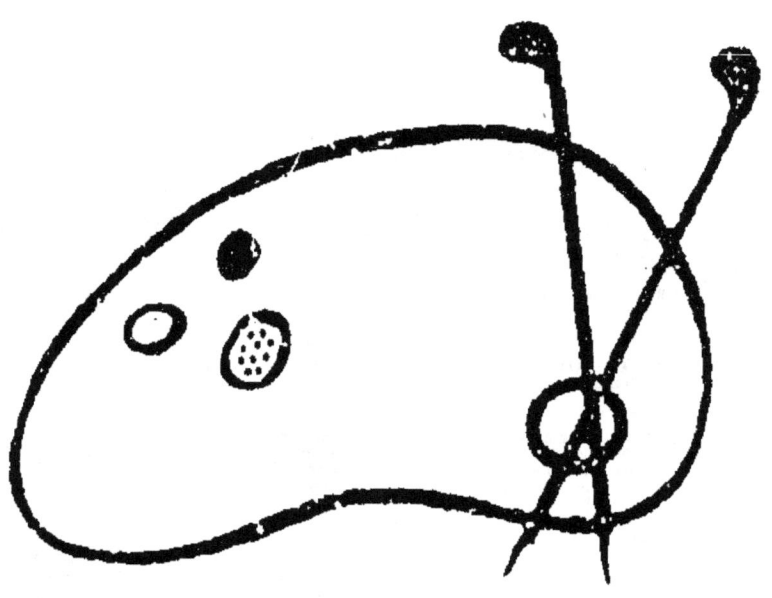

Fin d'une série de documents en couleur

DON DE L'AUTEUR

EXPOSITION UNIVERSELLE DE 1900

CONGRÈS INTERNATIONAL
DES MINES ET DE LA MÉTALLURGIE

RAPPORT
SUR
L'ÉTABLISSEMENT DES DYNAMITIÈRES

PAR

H. LE CHATELIER
INGÉNIEUR EN CHEF DES MINES

Extrait du *Bulletin de la Société de l'Industrie Minérale*. — Troisième série.
Tome XIV, 1900

SAINT-ÉTIENNE
SOCIÉTÉ DE L'IMPRIMERIE THÉOLIER — J. THOMAS & Cie
12, Rue Gérentet, 12

1900

CONGRÈS INTERNATIONAL DES MINES ET DE LA MÉTALLURGIE

RAPPORT

SUR

L'ÉTABLISSEMENT DES DYNAMITIÈRES

Par H. LE CHATELIER, ingénieur en chef des mines.

Les conditions d'établissement des dynamitières ont été en France, dans ces dernières années, l'objet d'études très suivies. Un exposé sommaire des résultats obtenus ne sera peut-être pas sans intérêt pour les membres du Congrès des Mines.

Ces recherches, entreprises sur la demande de la Commission du grisou, ont été effectuées par la Compagnie des Houillères de Blanzy, sous la direction de la Commission des substances explosives. C'est à la libérale et intelligente initiative de M. de Gournay, gérant de la Compagnie des mines de Blanzy, que doit être reportée une part importante du succès des études faites.

L'attention de l'Administration des mines avait été attirée sur cette question par un concours de circonstances assez variées. Les exploitants de mines demandaient depuis longtemps l'autorisation d'avoir des dépôts souterrains pour éviter l'inconvénient du transport continuel des explosifs entre les magasins superficiels et les travaux, en même temps que le danger de la congélation de la dynamite pendant les transports en hiver. D'autre part, la réglementation très sévère que la législation française impose pour les magasins d'explosifs rendait impossible leur établissement dans des conditions régulières au voisinage des centres industriels. Et comme il est beaucoup plus facile de violer une loi que d'en obtenir le changement, on fermait les yeux sur des abus souvent très graves. Enfin, une terreur irréfléchie des anarchistes avait provoqué des demandes de suppression de toute espèce de dépôts d'explosifs.

Sous ces influences multiples, la Commission du grisou fut invitée par l'Administration à étudier la possibilité d'installer dans les mines mêmes les magasins d'explosifs. Cette solution donnait satisfaction aux différents *desiderata* formulés, mais le danger nouveau créé ainsi pour les ouvriers mineurs n'était-il pas hors de proportion avec les avantages réalisés d'autre part ? Deux courants d'idées contraires se manifestèrent immédiatement et la même division se retrouva ensuite au sein de la Commission des substances explosives. Si l'accord au sujet des dangers créés par l'installation, sans précautions spéciales, de grandes dynamitières souterraines fut unanime, il n'en fut pas de même au sujet de la possibilité d'annuler ces dangers par des dispositions convenables. Quelques membres des deux Commissions estimèrent qu'il fallait a *priori* rejeter tout dispositif dont la sécurité serait liée à certaines précautions qu'il était possible, par négligence ou par ignorance, de laisser de côté. On ne devait accepter la possibilité, quelque faible qu'elle soit, de l'explosion dans une mine de plusieurs centaines de kilos de dynamite dont les effets seraient plus terribles que ceux des plus violentes explosions de grisou. C'est la thèse que j'ai soutenue, je crois devoir en prévenir le lecteur, pour le cas où je me laisserais aller à une partialité non justifiée à l'égard de certaines des solutions proposées.

Après quelques hésitations, la Commission du grisou reconnut qu'elle n'avait pas d'éléments d'appréciation suffisants pour formuler un avis et émit le vœu que des études expérimentales fussent entreprises par la Commission des substances explosives.

Mallard fut chargé de rédiger un rapport précisant l'état actuel de la question et indiquant l'objet des recherches demandées. Le rapport transmis à la Commission des substances explosives par les autorités compétentes fut le point de départ des recherches entreprises ; il peut être utile d'en résumer ici les principaux passages.

Les dangers résultant d'une explosion souterraine peuvent être de nature très variée : soulèvement des terrains supérieurs jusqu'à la surface du sol, écrasement des galeries latérales trop rapprochées, transmission par le sol d'ondes d'ébranlement analogues à celles d'un tremblement de terre, transmission d'ondes gazeuses qui pourraient se propager très loin dans les galeries avant de s'amortir.

Sur les deux premiers points, les expériences de la guerre de mines faites par le génie militaire donnent des indications très précises. Les conditions nécessaires pour éviter tout danger de transmission des pressions par le sol pourront toujours facilement être réalisées dans les mines.

Le danger de transmission des ondes d'ébranlement par le sol, semble a *priori* pouvoir être grandement atténué par une diminution de la densité de chargement; en laissant dans les magasins un grand espace vide autour des caisses on réduit d'une façon considérable la pression initiale et par suite aussi le choc produit par l'explosion contre les parois solides.

Mais les dangers résultant de l'onde condensée lancée dans les galeries semblent beaucoup plus graves, et c'est sur ce point qu'était tout particulièrement appelée l'attention de la Commission des substances explosives. Le rapport de Mallard concluait en demandant une étude des *dispositions les plus efficaces à adopter pour arrêter l'envahissement de la mine par les gaz délétères, en cas d'explosion, et la propagation de l'onde condensée.*

Comme il arrive toujours au cours de recherches expérimentales, le programme initialement adopté fut progressivement modifié au fur et à mesure de l'avancement des études et considérablement étendu. Les résultats obtenus conduisirent à formuler des règles de sécurité pour l'établissement de dépôts d'explosifs dans les conditions les plus variées.

1° *Grands dépôts souterrains.* — Emploi d'un tampon obturateur faisant soupape et fermant instantanément la dynamitière en cas d'explosion, sans laisser sortir une quantité notable de gaz.

2° *Petits dépôts souterrains.* — Isolement des caisses dans des logements maçonnés disposés de façon à ce que l'explosion de l'une d'entre elles ne puisse se transmettre aux autres.

3° *Dépôts superficiels.* — Couverture avec une épaisseur relativement faible de terre qui suffit pour annuler tous les effets de l'onde gazeuse, sans donner cependant des projections solides à grande distance.

Grands dépôts souterrains.

Les expériences poursuivies sous la direction de M. Vieille avec le concours de M. Biju-Duval, ingénieur à la poudrerie de Sevran-Livry, durèrent trois années, de 1894 à 1896. Commencées au laboratoire des poudres et salpêtres, elles furent continuées au polygone de la poudrerie de Sevran et achevées aux houillères de Blanzy. Les résultats en furent consignés dans deux rapports de M. Vieille ; le premier en date du 10 octobre 1895, le second en date du 9 avril 1896. Nous emprunterons à ces deux rapports, en les citant par extraits, les résultats obtenus.

« Dès les premières discussions, la Commission est
« arrivée à la conclusion que les dynamitières souter-
« raines ne pouvaient être établies dans des conditions
« de sécurité acceptables, qu'à la condition qu'un dispo-
« sitif d'obturation, susceptible de fonctionner automa-
« tiquement en cas d'explosion, pût être établi sans
« complication excessive.

« La nécessité d'un fonctionnement automatique
« résulte du fait que l'explosion d'une dynamitière ne
« paraît admissible que par suite de chocs ou d'inflam-
« mations résultant de manipulations intérieures ; dans
« ces conditions il est évident que c'est pendant que la
« dynamitière est ouverte et en communication avec le
« reste de la mine que les dispositifs d'obturation
« doivent être efficaces, et la Commission a pensé que
« tout procédé fondé sur la fermeture de portes ou
« de tampons manœuvrés par le personnel devait être
« regardé comme une garantie insuffisante.

« La Commission s'est arrêtée au dispositif suivant
« qui ne prête pas aux mêmes objections.

« La galerie d'accès de la dynamitière (Fig. 1 et 2) reçoit
« un tampon du diamètre de la galerie, susceptible de
« venir s'appliquer, par un déplacement égal environ à
« son diamètre, sur un siège formé par un rétrécis-
« sement de la galerie. En temps normal le tampon
« reste éloigné de son siège, et la communication
« des parties extrêmes de la galerie est assurée par une
« dérivation doublement coudée en vilebrequin. En
« cas d'explosion le retard qu'éprouve la chasse
« de gaz à parcourir le vilebrequin et les pertes de

« charge dues au triple changement de direction
« rectangulaire du courant gazeux permettent au
« tampon d'arriver sur son siège avant qu'il se soit
« produit un écoulement sensible par la dérivation.

« L'appareil établi à Sevran se compose d'un tube
« en tôle rivée de 30 centimètres de diamètre et de
« 9 mètres de longueur figurant la galerie affectée à la
« dynamitière ; le tube est fermé à l'une de ses extré-
« mités et présente à l'autre extrémité la dérivation
« doublement coudée et le siège destiné à recevoir le
« tampon après son déplacement.

« Les expériences ont montré que des pressions très
« faibles n'atteignant pas 5 kil. par centimètre carré,
« c'est-à-dire le 1/20 de la pression prévue par la
« Commission du grisou, suffisent à provoquer le
« déplacement du tampon et la fermeture hermétique
« sans fuite appréciable par la dérivation.

« Les expériences effectuées sous des pressions
« très réduites, dans lesquelles la pression sur le
« tampon obturateur ne dépassait pas un kil. par cen-
« timètre carré, ont permis de constater le déplacement
« du piston et son application sur son siège, de sorte
« que la commission estime que le système, convena-
« blement allégé en vue du fonctionnement sous de
« faibles pressions, pourrait être utilisé pour protéger
« la dynamitière contre les effets d'un coup de grisou,
« soit pour assurer l'isolement des diverses parties
« d'une mine, en limitant les effets d'une explosion à
« la région dans laquelle elle s'est produite.

« La commission regarde les expériences qu'elle a
« effectuées dans l'appareil mentionné plus haut
« comme suffisantes pour établir l'efficacité, sous les
« pressions moyennes et a *fortiori* sous les pressions
« élevées, du dispositif auquel elle s'est arrêtée, à la
« condition que le tampon obturateur et le siège sur

« lequel il s'appuie soient capables de résister sans
« dislocation aux chocs et aux pressions auxquels ils
« sont soumis.

« L'étude des conditions de résistance du tampon
« obturateur aux percussions produites par l'explosion
« est indépendante du fonctionnement de la dérivation.
« Il a par suite été possible pour cette étude de sim-
« plifier l'appareil par la suppression de la dérivation.

« La commission a pu utiliser pour ces expériences un
« canon de 27 centimètres, hors de service, mis à sa
« disposition par le laboratoire central de la Marine à
« Sevran. Ce canon a été muni à la bouche d'une
« plaque réunie au canon par une couronne de boulons
« et portant le siège sur lequel venait s'appliquer le
« tampon obturateur, après un parcours dans l'âme
« d'un calibre environ.

« La commission a étudié différents types de tampons,
« les uns, sphériques, formés de rondelles de carton
« assemblées par un boulon formant un diamètre de
« la sphère, les autres, cylindriques, constitués par
« des rondelles de carton ou de bois simplement
« clouées les unes sur les autres. Les expériences ont
« conduit à regarder comme préférable ce dernier
« type de tampon cylindrique combiné avec un siège
« plan représentant un orifice de section réduite aux
« 2/3 de la section principale.

« En ce qui concerne l'influence de l'accroissement
« des dimensions du système sur les effets mis en jeu
« pendant l'obturation, on doit observer que, sous des
« pressions motrices égales, les tampons abordant le
« siège avec la même vitesse, les forces vives à
« éteindre dans le travail de compression et de matage
« du tampon croissent comme le cube du rapport de
« similitude; d'autre part, les surfaces d'appui crois-
« sent comme le carré de ce rapport et la déformation

« du tampon dans le sens de la longueur croît aussi
« comme le rapport de similitude; il y a donc lieu de
« prévoir dans tous les cas, le même effort moyen de
« résistance du siège par centimètre carré.

« Il reste à signaler enfin que le mode de formation
« du tampon par rondelles de carton flexible super-
« posées se prête au montage dans la mine sans
« difficulté de passage des éléments par l'orifice rétréci
« du siège. La commission a lieu de penser qu'un
« diamètre voisin de $1^m,50$ peut être obtenu sans
« difficultés industrielles.

CONCLUSIONS

« En résumé, les expériences entreprises par la
« commission conduisent à un certain nombre de règles
« dont l'application lui paraît indispensable au succès
« d'une expérience en grand.

« Elle est d'avis que les résultats dès à présent
« obtenus suffisent à rendre praticable une expérience
« de cette nature. »

A la suite de ces expériences préliminaires une expérience définitive fut faite aux mines de Blanzy sur un magasin renfermant 500 kil. de dynamite et réalisant le dispositif qui semblait pouvoir convenir pour une installation définitive. Les installations furent faites par les soins de M. Suisse, ingénieur des mines de Blanzy, sur les indications fournies par M. Vieille. M. Candlot, directeur des usines à ciment de Mantes, voulut bien s'occuper de tous les détails de construction du massif de béton servant de siège au tampon. Enfin, M. Biju-Duval se chargea de l'installation des explosifs et des détails relatifs à la mise de feu.

Les résultats de cette expérience ont fait l'objet d'un second rapport de M. Vieille auquel nous empruntons les extraits suivants :

« La dynamitière est constituée par une galerie hori-
« zontale en forme de T creusée dans les escarpements
« d'une carrière à ciel ouvert, dite carrière Sainte-
« Elisabeth, située dans les terrains de la Compagnie
« de Blanzy.

« Le logement du tampon et le siège d'appui sont
« formés par un massif de béton coulé dans une exca-
« vation pratiquée dans la galerie d'accès.

« Le dosage du béton était de :

« 1 volume de ciment portland ;
« 1 volume de sable ;
« 2 volumes de cailloux.

« Le massif est représenté par les coupes ci-dessous
« en long et en travers. Il est traversé suivant son
« axe par une galerie circulaire de $1^m,50$ de diamètre
« (Fig. 1) sur 2 mètres de longueur, brusquement rétrécie

Fig. 1.

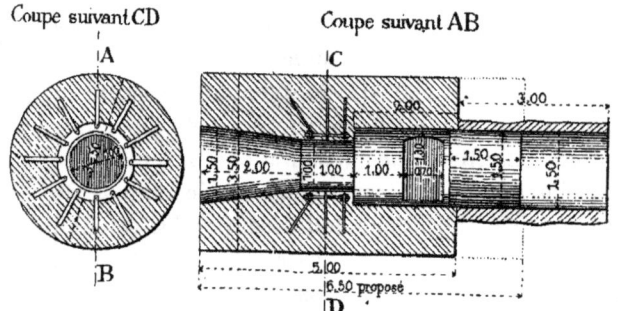

Massif de béton renfermant le dispositif obturateur.
Echelle de $7^{mm},5$ p. m.

« à 1 mètre de diamètre sur 1 mètre de longueur dans
« sa partie moyenne, de façon à former le siège plan
« du tampon. Au niveau de la partie rétrécie, le béton
« est renforcé par une ossature métallique noyée dans

« la masse et destinée à prévenir l'arrachement du
« siège sous la violence du choc du tampon. Le volume
« de ce massif est de 40^{m3} environ.

« La galerie rétrécie se raccorde à l'arrière avec la
« galerie d'accès par un tronc de cône s'évasant sur 2
« mètres de longueur au diamètre de 1^m,50.

« A l'avant du massif de béton, le logement du tampon
« se prolonge sur 3 mètres par une galerie circulaire
« de même diamètre que le logement et destinée à
« recevoir le tampon dans sa position normale et à le
« guider sur son siège au moment de l'explosion.

« Le tampon est constitué par un bloc cylindrique
« de 1^m,50 de diamètre sur 1^m,50 de longueur. Il est
« formé sur les 2/3 de sa longueur, soit sur 1 mètre,
« par des feuilles de carton de 1^m,50 de diamètre et de
« 3 millimètres d'épaisseur ; le carton de l'espèce dite
« carton-cuir a été livré par la maison Ozouf et
« Leprince.

« Il résulte des expériences de la commission que la
« résistance à l'arrachement du carton joue un rôle
« essentiel dans le fonctionnement des tampons au choc,
« en raison des phénomènes d'inertie qui tendent à
« provoquer le cisaillement de la partie centrale,
« lorsque la partie externe du tampon se trouve brus-
« quement arrêtée par le siège d'appui.

« Il est facile de voir, en effet, que sous une pression
« moyenne de 50 kilos, le tampon aborde son siège
« après une course de 2 mètres avec une vitesse de
« 110 mètres par seconde environ (Fig. 2).

« Le dernier tiers de la longueur du tampon, du
« côté du siège, est constitué par des panneaux cir-
« culaires de bois tendre de peuplier de 30 millimètres
« d'épaisseur. Les éléments de ces panneaux formés de
« planches de 30 centimètres de largeur rainées sur
« leur tranche, se montent sans difficulté, comme les

« lits de carton sur lesquels ils sont cloués et super-
« posés au moyen de pointes réparties suivant un
« gabarit établi de façon à éviter le clouage sur les
« joints.

« Cette constitution mixte du tampon a été expéri-
« mentée avec succès par la commission, dans un
« certain nombre d'expériences à échelle réduite; elle
« a paru propre à atténuer la violence du choc sur le

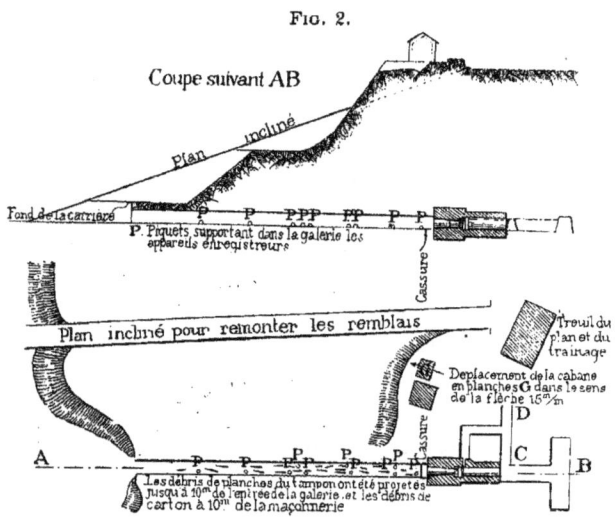

Galerie où a eu lieu l'expérience n° 1.
Echelle : 1,940°.

« siège, en raison de la plasticité considérable du bois,
« alors que la rigidité du cylindre arrière en carton
« garantit contre l'expulsion du système par l'orifice
« rétréci du siège.

« La communication de part et d'autre du tampon a
« été établie par une galerie doublement coudée en
« vilebrequin de $1^m,70$ de hauteur et $1^m,70$ de largeur.
« Cette galerie simplement boisée contourne une sorte

« de pilier rectangulaire de 4 mètres de côté. Les trois
« tronçons de 5 à 6 mètres de longueur qui la composent,
« se coupent à angle vif pour accentuer les phéno-
« mènes de réflexion des masses gazeuses qui doivent
« les parcourir ; l'un des tronçons a été prolongé en
« cul de sac, de manière à accroître suivant un méca-
« nisme mis en évidence par les expériences de la
« commission, les pertes de charge résultant de l'écou-
« lement du gaz dans les tronçons successifs.

« La galerie de dérivation débouche dans la partie
« du massif affectée au logement du tampon par une
« sorte de porte de $0^m,70$ de largeur, dont la hauteur
« primitivement prévue à $1^m,50$, a été limitée par
« erreur, au moment de la construction, à la dimension
« de $0^m,70$. La porte strictement démasquée par le
« tampon dans sa position normale avant l'explosion,
« se trouve obturée dès que celui-ci est projeté vers son
« siège.

« La dynamitière proprement dite est fermée par une
« galerie perpendiculaire à la galerie d'accès et à son
« prolongement servant au logement du tampon.

« La charge de 500 kilogs disposée sur des chantiers
« de bois reposant sur le sol de la galerie et suivant
« son axe, était formée de caisses de dynamite n° 1 à
« 75 % de nitroglycérine placées bout à bout, de façon
« à ce que la densité de chargement par mètre courant
« fût de 1/100. Cette densité de chargement s'abaisse à
« 1/200 environ si l'on tient compte du volume de la
« galerie d'accès jusqu'au tampon et de celui de la
« galerie de dérivation.

« La mise de feu produite électriquement depuis le
« poste d'observation, a donné lieu à un bruit sourd
« accompagné d'un léger tremblement du sol.

« Aucune projection ne s'échappe de la galerie. Un
« wagonnet disposé à l'entrée ne subit aucun dépla-

« cement. Au bout de quelques secondes, une fumée
« jaunâtre peu épaisse se dégage de l'orifice de la
« galerie, sans vitesse appréciable.

« La ventilation de la galerie d'accès a été rapi-
« dement obtenue jusqu'au tampon, par l'emploi d'un
« ventilateur à bras. Les cadres de soutènement de la
« galerie n'ont pas été déplacés ; seul le chapeau du
« premier cadre, attenant au massif de béton, a été
« légèrement déplacé par les projections, sans cepen-
« dant quitter ses montants.

« Le massif de béton paraît intact. Une petite cassure
« dans le raccordement arrière de la maçonnerie au
« niveau du sol, et la flexion des planches réunissant
« la tranche arrière de la maçonnerie au premier cadre,
« semblent indiquer, toutefois, un léger recul du
« massif.

« On peut pénétrer dans la partie rétrécie corres-
« pondant au siège, qui est intacte et sans fissures.
« L'égrènement du béton ne commence qu'au voisinage
« immédiat du siège plan, dans la partie où le tampon
« s'est moulé avec violence, tandis que la partie cen-
« trale des lits de bois et des premiers lits de carton
« était arrachée par moitié et projetée à quelques
« mètres dans la galerie (Fig. 3).

« Un fonctionnement aussi satisfaisant n'avait été
« observé que cinq fois sur douze expériences analogues
« effectuées par la Commission à échelle réduite ; dans
« les autres cas des fuites plus ou moins importantes
« s'étaient fait jour sur la surface du siège, sans que
« toutefois, dans aucun cas, l'atténuation due au sys-
« tème obturateur cessât d'être suffisante pour trans-
« former le phénomène d'explosion.

« Aussi la Commission est-elle d'avis qu'il y a moins
« lieu d'insister sur le résultat entièrement favorable
« de cette expérience que sur l'identité de fonction-

FIG. 3.

Tampon après l'explosion. Vue prise à 2 mètres de distance.

« nement constatée au point de vue de la détérioration
« du tampon, entre l'expérience en grand et les nom-
« breux essais qu'elle a effectués à échelle réduite ; la
« résistance du tampon constituant la véritable garantie
« du système, indépendamment des fuites secon-
« daires. »

L'expérience de Blanzy fut un véritable succès qui a vivement frappé toutes les personnes ayant suivi ces études. Les spectateurs, dont beaucoup ne croyaient pas à la possibilité d'arrêter l'explosion d'une charge de 500 kilogs de dynamite avec quelques rondelles de carton, se refusèrent d'abord, en l'absence du bruit intense attendu, à croire à la réalité de la détonation. Ce n'est qu'après avoir vu le tampon appliqué sur son siège, et tous les fragments de la partie antérieure projetés en avant jusqu'à trente mètres de distance, que les derniers doutes tombèrent. Un fait plus remarquable encore, quoique moins capable de frapper l'imagination, est la précision avec laquelle les prévisions faites par voie de similitude ont permis en partant d'expériences à échelle très réduite, de calculer à *priori* les conditions à remplir dans l'expérience finale, faite en grandeur réelle.

La question posée par la Commission du grisou semblait donc complètement résolue; il était possible d'organiser des magasins souterrains d'explosifs sans danger pour les ouvriers occupés dans la mine en dehors de ce magasin. Peut-être cependant y a-t-il lieu de faire une réserve à ce sujet. La *possibilité* seule d'éviter un accident serait absolument insuffisante ; il faut, en raison du nombre d'existences qui pourraient être compromises, avoir la *certitude* d'éviter tout accident semblable ; il faut être assuré que les conditions nécessaires au bon fonctionnement du tampon obturateur ne pourront pas accidentellement être mises en défaut. Un rapprochement s'impose. Dans les essais de résistance mécanique un métal supporte régulièrement sans se déformer des efforts correspondant à sa limite élastique. Cependant dans les constructions mécaniques, dans celles d'un pont par exemple, on ne demande jamais au métal des efforts approchant de ceux qu'il supporte dans les expériences. Pour parer à l'imprévu, on réduit dans une large mesure le travail demandé au métal, l'expérience montre qu'il faut prendre un *coefficient de sécurité* très élevé, et malgré cela on a encore des accidents trop fréquents.

Quel est dans le cas actuel le coefficient de sécurité dont on dispose ? Celui de l'expérience de Blanzy est à peu près nul, on a fait travailler le tampon dans des conditions voisines de celles pour lesquelles il aurait cessé de bien fonctionner. Le succès n'en a été que plus flatteur pour les expérimentateurs qui ont dirigé ces recherches, mais la répétition du même succès reste un peu incertaine dans les cas où il s'agirait d'une installation industrielle à laquelle on ne pourrait consacrer les mêmes soins. Les expériences antérieures faites à Sevran-Livry avaient en effet montré que de très légers changements dans la disposition de l'obturateur suffisaient pour lui enlever son efficacité. L'obturation était insuffisante quand on remplaçait le carton cuir par du carton goudronné, quand on remplaçait la fenêtre circulaire par une fenêtre rectangulaire, quand on diminuait la largeur de la surface d'appui, quand on prenait un tampon sphérique au lieu de cylindrique.

Une dynamitière souterraine devrait, on peut l'espérer, servir très longtemps avant tout accident. S'astreindrait-on à renouveler assez souvent le tampon pour qu'il n'ait pas le temps de s'altérer à l'humidité, refaire le massif très coûteux de béton, si les mouvements du sol occasionnaient des dislocations de la maçonnerie ? N'y aurait-il pas d'erreurs commises dans l'installation première ? Les précautions nécessaires ne sont certainement pas impossibles à prendre, mais on s'habitue si facilement à oublier un danger se manifestant d'une façon sensible seulement à de longs intervalles de temps, que l'on est en droit de rester un peu sceptique. Avec quelle difficulté s'astreint-on aux précautions indispensables pour éviter les accidents de grisou dont le danger continuel est certainement bien plus palpable.

Petits dépôts souterrains d'explosifs

Les expériences faites sur les dynamitières à tampon obturateur donnaient la réponse à la question dont la Commission des substances explosives avait été saisie officiellement.

Mais il restait encore d'autres points importants à élucider au sujet de l'emmagasinement des explosifs. Organisée en vue de l'étude des questions militaires, la Commission des substances explosives ne crut pas pouvoir prendre l'initiative de recherches dont elle n'avait pas été saisie par l'administration de la guerre. Elle se déclara seulement disposée à donner son avis sur les expériences que l'on pourrait faire. M. de Gournay, gérant de la Compagnie des Mines de Blanzy, voulut bien prendre l'initiative de nouvelles recherches dont le programme et les résultats seraient soumis à la Commission des substances explosives.

Un des points les plus importants à élucider se rapportait aux petits dépôts souterrains dans lesquels on emmagasine la consommation journalière. Leur importance normale ne dépasse pas habituellement une centaine de kilos. Les deux questions suivantes ont été étudiées :

1° Quelle peut être l'importance des dégâts occasionnés dans une mine par l'explosion d'une caisse de dynamite ;

2° Y a-t-il moyen d'éviter, en cas d'accident dans un dépôt d'explosif, que la détonation d'une caisse de dynamite se transmette à ses voisines.

Les expériences faites aux mines de Blanzy ont été organisées avec beaucoup de soin par M. Suisse, ingénieur en chef de cette mine, elles ont fait l'objet d'un rapport de H. Le Chatelier, qui a été adopté par la Commission des substances explosives ; nous lui empruntons les extraits suivants :

Le programme de la première expérience comportait l'étude des dégâts occasionnés par l'explosion d'une caisse de dynamite sur des portes et ventilateurs installés à différentes distances.

Pour cette expérience on a utilisé une longue galerie mettant en communication la carrière de remblais Maugrand avec le puits Saint-Pierre.

Un barrage fut installé à 150 mètres de l'entrée de la galerie : il était constitué par un mur de briques derrière lequel se trouvait un remblai de 10 mètres d'épaisseur. C'est au pied de ce mur que la caisse renfermant 20 kilogrammes de dynamite n° 1 fut placée. En avant, on installa une première porte à 10 mètres de la caisse, une seconde à 50 mètres et, enfin, une réduction de ventilateur à 140 mètres, c'est-à-dire tout près de l'orifice de la galerie.

Les portes étaient ouvertes dans un mur en briques de $0^m,30$ d'épaisseur, solidement appuyé sur le terrain ; la section libre représentait la moitié de la section totale de la galerie. Le battant de la porte était fait en planches de $0^m,01$ d'épaisseur réunies par un cadre en bois et fixé sur deux longues ferrures portant les gonds. La première porte, qui était à 10 mètres de la caisse, s'ouvrait vers l'intérieur, et l'autre vers l'extérieur.

Le ventilateur, ou plus exactement le schéma d'un ventilateur, était constitué par six bras en bois sur lesquels étaient légèrement clouées, par quelques pointes, des planches de $0^m,01$ d'épaisseur; il occupait environ les 2/3 de la section de la galerie ; il était mis en mouvement de l'extérieur, au moyen d'une corde passant sur une poulie.

Au moment de la détonation de la caisse, il se produisit un coup de vent à l'extrémité ouverte de la galerie, amenant avec lui un nuage de poussière, qui avança au dehors jusqu'à 5 mètres environ, puis deux autres souffles à une seconde environ d'intervalle et de plus en plus faibles.

En rentrant dans la galerie, on constata que l'une des planches formant ailettes du ventilateur avait été déclouée; mais rien n'avait été brisé. La planche enlevée, fixée seulement par des pointes très courtes, aurait pu être arrachée à la main. Un ventilateur réel, qui aurait été beaucoup plus robuste, n'aurait certainement subi aucune avarie.

La porte placée à 50 mètres, avait été enlevée tout d'une pièce et projetée à 21 mètres ; ses ferrures étaient arrachées et tordues. Le chapeau et les montants qui encadraient la porte avaient été ébranlés ; la maçonnerie était intacte.

Mais, au-delà, la galerie était éboulée ; une bande de rocher s'était détachée de la couronne de la galerie sur 15 mètres de longueur à partir du barrage fermant la galerie. Partout ailleurs le boisage n'eut pas de mal, sauf quelques chandelles qui furent renversées.

En ce qui concerne les ventilateurs, l'expérience montre bien nettement qu'à la distance de 150 mètres ils ne seraient pas endommagés par la détonation d'une caisse isolée de dynamite. Dans l'état actuel de profondeur des exploitations houillères, cette condition pourra toujours être réalisée ; il n'y a donc pas à s'en préoccuper.

En ce qui concerne les portes, l'interprétation des résultats obtenus doit être discutée de plus près. Les portes fermant le magasin ont été complètement balayées jusqu'à la distance de 50 mètres ; il en serait encore de même sans doute, à la distance de 100 mètres, et peut-être encore à la distance de 200 mètres. On ne peut espérer disposer un magasin de façon à ce qu'en cas d'accident ses portes de fermeture restent indemnes. Il ne faudra donc, en aucun cas, que le magasin débouche dans deux galeries distinctes entre lesquelles l'existence d'une libre communication pourrait suspendre l'aérage dans un quartier de la mine. Le magasin, s'il a deux entrées, devra être placé en dérivation parallèlement à une même galerie, de sorte que son ouverture en grand soit sans influence sur le régime général de l'aérage.

A côté des portes du magasin, il faut se préoccuper des portes, beaucoup plus importantes, qui pourront exister dans les galeries voisines, où elles serviront à la répartition du courant d'air dans les travaux. Ces portes sont beaucoup moins exposées parce qu'elles ne seront atteintes par l'onde de l'explosion qu'après que celle-ci se sera bifurquée entre plusieurs directions à la sortie du magasin. En outre, elles se trouvent le plus souvent sur une bifurcation d'une galerie dont une branche ouverte en grand offrira un libre passage au coup de vent. A mesure que l'onde de l'explosion progresse, elle s'étale très rapidement, comme l'ont montré de nombreuses expériences de M. Vieille. Cet étalement a été rendu très sensible, dans les expériences de Blanzy, par la durée très appréciable du souffle observé à l'entrée de la galerie. Une semblable onde pourra encore exercer des pressions notables sur un obstacle qui l'arrête complètement, tandis que, si son passage n'est qu'à moitié barré, elle pourra s'écouler en ne produisant que des suppressions relativement faibles. La façon dont s'est comporté le ventilateur montre qu'une porte placée au même endroit et n'obstruant que la moitié de la galerie serait restée absolument indemne.

En s'astreignant à ce que les caisses de dynamite soient emmagasinées à une distance des portes d'aérage de la mine égale au moins à 200 mètres, on sera à l'abri de tout risque sérieux. Peut-être, par excès de précaution, pourrait-on doubler cette distance dans certaines circonstances exceptionnelles, dans le cas de puits jumeaux par exemple, avec lesquels tout l'aérage de la mine est à la merci des portes qui isolent les deux puits l'un de l'autre; ou bien, si l'on ne peut obtenir une semblable distance, exiger l'emploi de portes métalliques très résistantes.

La deuxième série d'expériences avait pour but de chercher un moyen d'empêcher la détonation accidentelle d'une caisse de dynamite, de se transmettre dans un magasin, aux caisses voisines. Le procédé expérimenté a consisté à enfermer chaque caisse de dynamite dans un logement maçonné, fermé par une porte épaisse en fer et séparé de ses voisins par des distances plus ou moins grandes. On espérait ainsi protéger les caisses à la fois contre le choc de l'explosion et contre la pénétration des gaz chauds.

La galerie destinée à ces expériences a été creusée vers le fond de la carrière Sainte-Hélène; elle se trouvait, au milieu de vieux travaux, dans une couche de houille complètement désagrégée. Elle avait 29 mètres de longueur et 4 mètres carrés de section ; elle était muraillée en maçonnerie de briques de 0^m,36 d'épaisseur, sur une longueur de 11 mètres à partir de son extrémité fermée. Elle était boisée sur le reste de sa longueur, soit sur 16 mètres à partir de son orifice. La maçonnerie faite à la chaux et terminée depuis une quinzaine de jours seulement, n'avait guère plus de solidité qu'une maçonnerie en pierres sèches. Dans cette maçonnerie, on avait ménagé trois logements pour les caisses de dynamite ; ils étaient placés à une hauteur moyenne de 0^m,50 au-dessus du sol de la galerie ; leurs parois maçonnées avaient 0^m,30 d'épaisseur ; ils étaient fermés par des portes en tôle de dix millimètres d'épaisseur, supportées à charnière par la partie supérieure et pouvant être maintenues fermées par un verrou placé à la partie inférieure (Fig. 4).

Le premier logement était placé à 0^m,90 du fond de la galerie, le second à 3 mètres du premier, et le troisième à 6 mètres du second.

Pour l'expérience, le feu fut mis à la caisse du milieu, en laissant ouverte la porte de son logement. Les portes des deux autres logements étaient simplement rabattues, mais non fermées au verrou, circonstance qui, dans la pratique, pourrait résulter d'une négligence. Dans ces conditions, les deux portes n'étaient pas exactement appliquées sur leur siège et laissaient un entrebaillement de quelques millimètres.

La détonation ne s'est transmise à aucune des deux caisses latérales, et les portes de leur logement ne parurent avoir subi aucun effet de l'explosion. La caisse placée à 3 mètres était seule un peu coincée dans son logement, sans cependant présenter aucun indice de rupture des planches. Le mauvais état du terrain et le durcissement incomplet des mortiers avaient permis une transmission latérale des pressions, suffisante pour refouler un peu le logement maçonné et en même temps amener une fente dans le cadre en fonte qui supportait la porte. Le cône d'arrachement s'est étendu horizon-

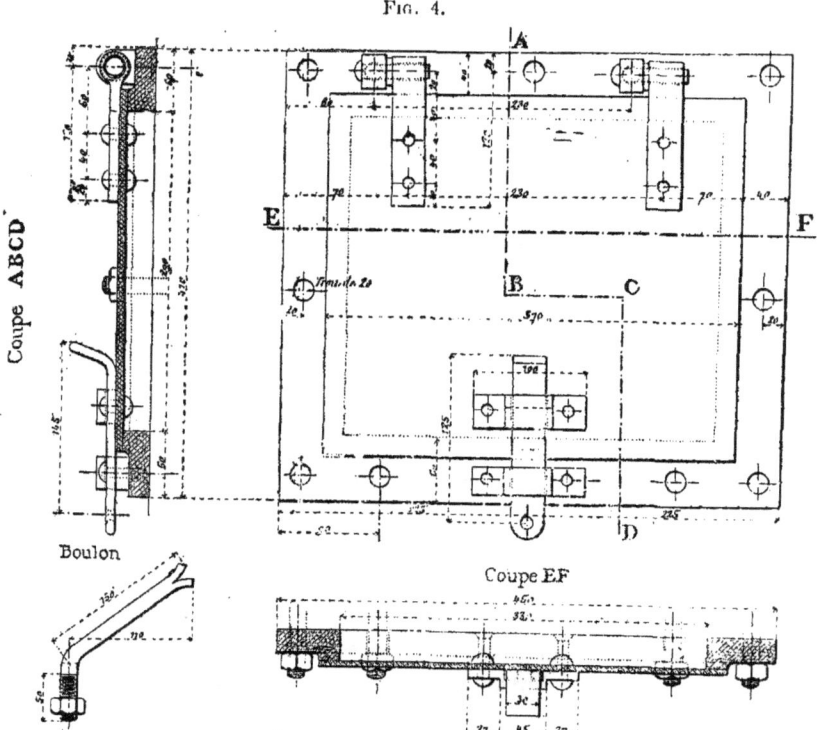

Fig. 4.

Porte du logement des caisses.

talement à 1ᵐ,20 et 2ᵐ,10 de l'axe du logement (Fig. 5) ; il restait encore, du côté de la caisse placée à 3 mètres, une longueur de mur maçonné, non éboulé, de 1 mètre. Verticalement, le rayon de rupture a atteint 1ᵐ,50 ; la majeure partie de la voûte était restée intacte, bien que la hauteur de la clef au-dessus de la caisse ne dépassât pas 1ᵐ,75. En face de la caisse ayant fait explosion, la maçonnerie était broyée et éboulée sur un rayon de 1ᵐ,50. La profondeur du cône, à l'emplacement de la caisse, était de 1ᵐ,20 et, sur la paroi opposée, de 0ᵐ,20. La partie boisée de la galerie, qui se trouvait entre l'ori-

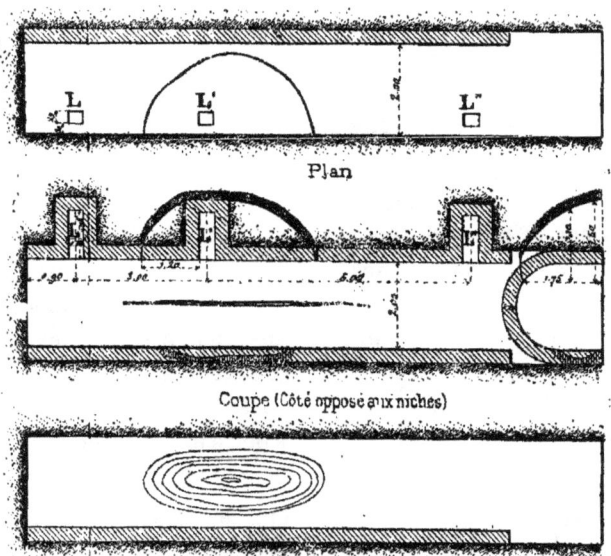

Fig. 5.

Galerie de la carrière Sainte-Hélène (2ᵉ expérience).
Echelle de 0ᵐ,0133 p. m.
Coupe (Côté des niches).

fice et la partie maçonnée, est restée intacte; il n'y a pas eu d'éboulement, comme on aurait pu s'y attendre après les résultats de l'expérience précédente ; mais, dans le cas actuel, le boisage était neuf, tandis que dans le précédent il était vieux et en mauvais état.

La conclusion très nette à tirer de cette expérience est que, même dans un terrain exceptionnellement mauvais, il n'y a pas transmission de l'explosion entre des caisses de dynamite enfermées dans des logements distants de 3 mètres.

Conclusion. — On peut résumer les conséquences que comportent ces expériences en formulant un certain nombre de règles dont l'application semble de nature à écarter tout danger grave pour une mine, dans le cas où un accident viendrait à se produire dans un dépôt souterrain de dynamite.

Chaque caisse sera enfermée dans un logement maçonné, fermé par une porte en fer d'au moins 10 millimètres d'épaisseur. Cette porte sera *suspendue à charnière par le haut*, de façon à se fermer d'elle-même, et les gonds seront disposés de telle sorte que, par l'action seule de la pesanteur, la porte s'applique exactement sur son siège. Elle sera maintenue fermée par un verrou opposé à la charnière. Le siège sur lequel la porte s'appuiera sera en métal et présentera un double ressaut disposé de telle sorte que la porte fermée affleure, sans les dépasser, les rebords extérieurs.

Les logements seront séparés l'un de l'autre par une distance de 4 mètres, dans les terrains tendres, comme dans la houille et les schistes, et de 3 mètres dans les terrains très durs, comme le grès. Les logements seront placés à la suite l'un de l'autre sur une même paroi du magasin et jamais à la fois sur deux parois opposées.

Le magasin devra, sur chacune de ses communications avec les travaux, présenter au moins un coude prolongé par un cul-de-sac de 5 mètres de long ou plus, comme le montre le croquis ci-dessous.

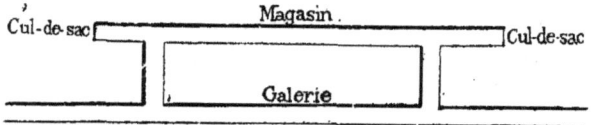

Les culs-de-sac pourront être utilisés pour l'ouverture des caisses et la distribution des explosifs.

Chaque magasin ne sera en communication qu'avec une seule galerie de la mine et cette communication, pour les magasins devant renfermer plus de 5 caisses, se fera par deux entrées distinctes fermées seulement par des portes à claire-voie, de façon à assurer sa ventilation.

Chaque magasin sera distant d'au moins 200 mètres de toute porte d'aérage de la mine et, autant que possible, de 400 mètres des portes, dont la destruction pourrait supprimer toute ventilation dans la mine entière ou dans un de ses quartiers importants.

La condition de placer les logements des caisses de dynamite sur une seule des parois de la galerie maçonnée a paru bien sévère à quelques exploitants de mines. En se basant sur les résultats même des expériences, ils ont estimé qu'il n'y aurait aucun inconvénient à ménager des logements sur deux parois opposées, en les plaçant bien entendu en quinconce, de façon à éviter qu'ils ne se fassent vis-à-vis ; cela permettrait de réduire de moitié la longueur du magasin pour un dépôt d'importance donnée. Une disposition semblable n'aurait peut-être aucun inconvénient, mais avant de se prononcer, il faudrait recommencer une expérience semblable à celle qui a été faite pour le cas des logements placés sur la même paroi. Une semblable expérience ne serait ni difficile ni coûteuse, ce sera affaire aux intéressés de l'organiser le jour où ils voudront faire modifier les conclusions des études actuellement terminées.

Dépôts superficiels d'explosifs.

Les expériences faites au sujet des grands magasins souterrains d'explosifs ont conduit à recommander des dispositions dont l'adoption serait très onéreuse et dont la sécurité resterait toujours aléatoire. Il semble douteux que l'on puisse renoncer aux magasins superficiels. Il y avait donc intérêt à rechercher les moyens d'atténuer les dangers qui résultent de leur présence dans les lieux habités. L'atténuation de ce danger permettrait de réduire la zone de protection exigée autour de ces magasins, qui rend actuellement leur installation très difficile dans les grands centres industriels.

Cette nouvelle série d'expériences fut encore entreprise sur l'initiative de la Compagnie des mines de Blanzy ; leur organisation fut faite par M. Suisse ingénieur principal de cette Compagnie. Les points examinés dans ces expériences préliminaires furent d'une part l'effet d'une certaine épaisseur de terre placée au-dessus du magasin pour briser la violence de l'explosion et supprimer les actions à grande distance de l'onde aérienne, d'autre part l'effet d'un cul-de-sac disposé en face de la porte du magasin pour arrêter les projections pouvant sortir avec une grande vitesse par cet orifice.

L'expérience principale consista dans l'explosion d'une dynamitière renfermant 200 kilos de dynamite n° 1 enterrée de 5 mètres au-dessous du sol dans un terrain de sable. La dynamitière était formée par une galerie boisée de 10 mètres de longueur et 4 mètres carrés de section communiquant avec l'extérieur par une galerie perpendiculaire à la première également boisée de 23 mètres de longueur de $2^{m2}25$ de section. Cette galerie d'accès débouchait dans une tranchée profonde de $7^m,50$. De l'autre côté de la tranchée dans un talus opposé à l'orifice de la galerie, on avait ménagé une sorte de chambre en cul-de-sac de 8 mètres de profondeur et 6 mètres carrés de section destinée à recevoir et fixer les matériaux projetés par l'orifice de la dynamitière.

Le bruit de l'explosion fut sourd, mais entendu néanmoins à 4 kilomètres de distance ; un nuage de fumée sortit de la galerie. Au-dessus de la chambre d'explosion il y eut un soulèvement du sol évalué à une hauteur d'environ $0^m,80$, sans projections ni fuites gazeuses (Fig. 6).

La galerie qui se trouvait de l'autre côté de la tranchée fut complètement bouleversée comme la galerie d'accès de la dynamitière, mais retint cependant presque toutes les projections. On ne retrouva en dehors de la tranchée que deux chapeaux des cadres de soutènement et quelques fragments de planche. Ces deux bois provenaient sans doute de l'orifice de la galerie, qui en raison de l'inclinaison du talus ne s'est trouvée recouverte que d'une quantité insuffisante de terre. Une entrée muraillée eût rendu ces projections impossibles.

L'ébranlement propagé à l'extérieur a été insignifiant ; une maison située de l'autre côté de la tranchée par rapport à la dynamitière et dans l'axe même de la galerie d'accès n'a subi ni dégradation ni rupture de vitres, bien que sa distance à l'orifice de la galerie ne dépassât pas 50 mètres.

Cette expérience montre donc que les effets de chasse gazeuse et de projection par l'orifice d'une dynamitière peuvent être localisés et rendus peu redoutables pour le voisinage immédiat par l'emploi des dispositions simples mentionnées plus haut savoir : débouché de la galerie d'accès en tranchée et fixation des matériaux projetés dans une chambre réceptrice.

En présence des résultats très satisfaisants obtenus

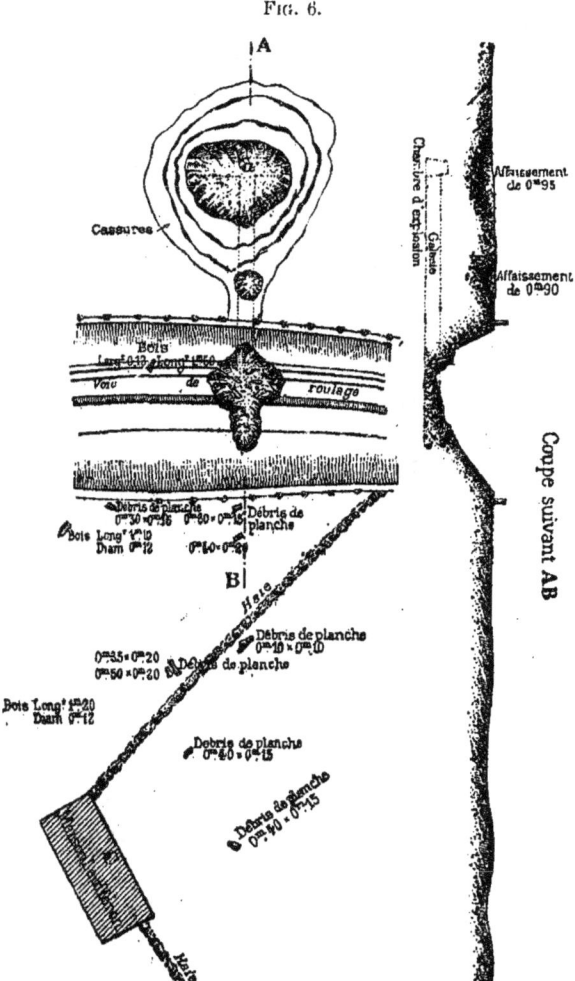

Galerie de la carrière Saint-François, après l'expérience n° 2.
Echelle : 1/750°.

et en raison de leur application possible aux magasins militaires, la Commission des substances explosives se décida à prendre en main l'achèvement de cette étude sans attendre de nouvelles instructions ministérielles.

Les nouvelles recherches, poursuivies sous la direction de M. Vieille, furent conduites avec la même méthode rigoureuse que celles relatives aux dynamitières souterraines. Une première série d'expériences fut faite au laboratoire des poudres et salpêtres sur des charges de quelques grammes d'explosifs enterrés sous quelques centimètres de sable ; une seconde série fut faite à la poudrerie de Sevran-Livry avec des charges allant jusqu'à 25 kilos et enfin les expériences définitives furent faites aux mines de Blanzy sur des charges de 500 kilos.

Le rapport d'ensemble sur ces expériences a été présenté par M. Biju-Duval, ingénieur à la poudrerie de Sevran-Livry. Nous lui empruntons les extraits suivants :

« Un certain nombre d'expériences effectuées soit au
« laboratoire central des poudres et salpêtres, soit à
« la poudrerie de Sevran-Livry avaient eu pour but de
« rechercher les lois suivant lesquelles variaient les
« projections extérieures dues à l'explosion de charges
« variables d'explosifs placées sous diverses densités
« de chargement et à diverses profondeurs. Les résultats
« de ces essais avaient permis d'établir les lois suivantes :

« 1° Les effets extérieurs produits par l'explosion
« d'une charge donnée d'explosifs sont indépendants
« de la densité de chargement réalisée dans la dynami-
« tière, pourvu que l'épaisseur de la terre recouvrant
« la dynamitière reste la même.

« 2° Pour des charges variables, les distances des
« projections extérieures restent sensiblement du même
« ordre lorsque les épaisseurs de terre recouvrant ces

« charges sont proportionnelles à la racine carrée de
« ces charges.

« 3° Si une charge condensée, placée à une certaine
« profondeur, fournit l'entonnoir ordinaire, cette même
« charge placée à la même profondeur, mais allongée
« sur une longueur égale à cinq fois environ la ligne
« de moindre résistance, ne produit plus que des effets
« extérieurs très atténués et voisins du camouflet.

« 4° Dans le cas d'une charge allongée obtenue en
« conservant constamment la même charge par mètre
« courant et la même épaisseur de terre, les effets
« extérieurs vont en croissant avec la charge totale
« jusqu'à une certaine limite qui paraît atteinte, pour
« un allongement de la charge égal à trois ou quatre
« fois la valeur de la ligne de moindre résistance.

« Les essais faits par la Commission n'avaient pu
« malheureusement porter que sur des charges relati-
« vement faibles, atteignant au maximum 32 kilos; il
« était nécessaire de vérifier par quelques expériences
« en grand les atténuations que l'on pourrait espérer
« dans les effets extérieurs, soit par une augmentation
« de l'épaisseur de terre, soit par un allongement des
« charges.

« Les expériences ont pu être réalisées grâce au
« concours de la Compagnie des Mines de Blanzy.

« Les expériences devant porter sur des quantités
« d'explosifs de l'ordre de ceux pouvant être approvi-
« sionnés dans les dynamitières, la charge adoptée
« fut de 500 kilos de dynamite n° 1 à 75% de nitro-
« glycérine et le programme comporta l'explosion de
« quatre dynamitières.

« 1° Dynamitière de 500 kilos en charge condensée,
« c'est-à-dire placée dans un magasin à dimensions
« aussi réduites que possible, sous 9 mètres de terre.

« 2° Dynamitière de 500 kilos en charge condensée,
« sous 4m,50 de terre.

« 3° Dynamitière de 500 kilos, charge allongée en
« galerie de 25 mètres de longueur, sous 4m,50 de
« terre.

« 4° Dynamitière de 500 kilos, charge allongée en
« galerie de 25 mètres de longueur, sous 3 mètres de
« terre (Fig. 7 et 8).

« *Expérience n° 1.* — Le bruit de la détonation
« s'entend à peine ; la gerbe soulevée peu dense ne
« s'élève guère à plus de 6 ou 8 mètres de hauteur ; la
« terre projetée presque verticalement retombe pour la
« plus grande partie dans l'entonnoir formé ; le reste,
« à part quelques petites mottes isolées, couvre un
« cercle de 25 mètres environ de diamètre.

« *Expérience n° 2.* — Le bruit de la détonation est
« très sourd, mais la gerbe de terre soulevée, beaucoup
« plus dense, s'élève à 25 ou 30 mètres de hauteur. La
« masse des projections recouvre un cercle de 30 à 32
« mètres de diamètre moyen, quelques petites mottes
« s'étalant tout autour jusqu'à une distance maxima de
« 55 mètres.

« *Expérience n° 3.* — Le bruit de la détonation est
« très faible ; la gerbe, d'une hauteur moyenne de 12 à
« 15 mètres, a une forme allongée suivant la longueur
« de la galerie. Les projections recouvrent une surface
« ayant la forme générale d'une ellipse dont le grand
« axe aurait 47 mètres environ et le petit axe 28 mètres.
« Les petites mottes isolées sont retombées à une
« distance maximum de 65 mètres du centre de la
« dynamitière.

« Aucune brique provenant d'une partie voûtée n'est
« apparente.

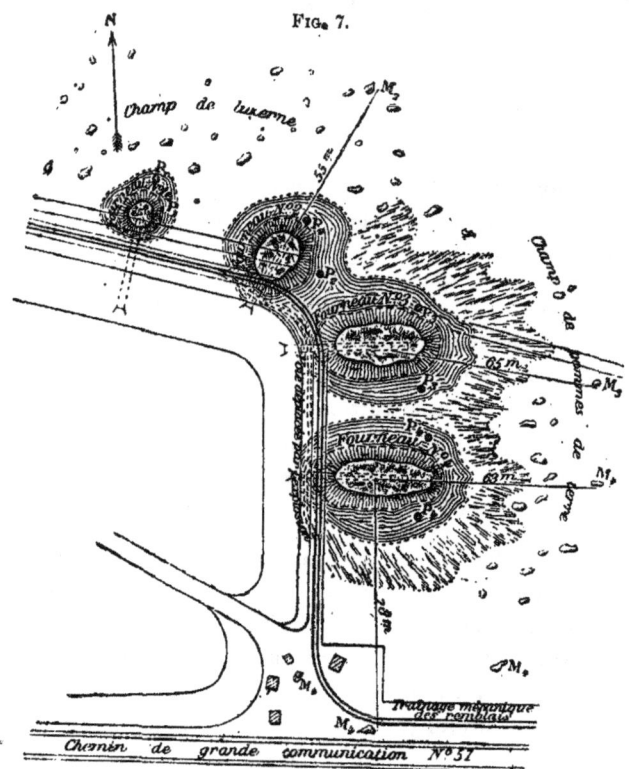

Expériences du 7 août 1897, à la carrière Sainte-Elisabeth.
Plan. — Echelle de 0^m,0005 p. m.

LÉGENDE

P$_1$, P$_1$. — Poteaux placés près de la partie supérieure du fourneau n° 1.
P$_2$, P$_2$. —   —   —   n° 2.
P$_3$, P$_3$. —   —   —   n° 3.
P$_4$, P$_4$. —   —   —   n° 4.
M$_2$, M$_2$. — Mottes de terre projetées par l'explosion du fourneau n° 2.
M$_3$, M$_3$. —   —   —   n° 3.
M$_4$, M$_4$. —   —   —   n° 4.

   Excavation produite au-dessous du sol naturel.
   Pourtour du sommet des lèvres de l'excavation.
   Surface occupée par la terre projetée.
   Surface où les fanes des pommes de terre ont été abimées.

Les fourneaux n° 1 et n° 2 ont été chargés ainsi qu'il avait été dit dans la Note envoyée par la Commission des substances explosives, le 4 août 1896.
Les fourneaux n° 3 et n° 4 ont été chargés en mettant une caisse de 20 kg. de dynamite par mètre et en reliant les caisses entre elles au moyen d'un cordeau détonant muni d'une capsule à chaque extrémité.

Fig. 8.

Fourneau n° 1.

Coupe longitudinale.   Coupe transversale.

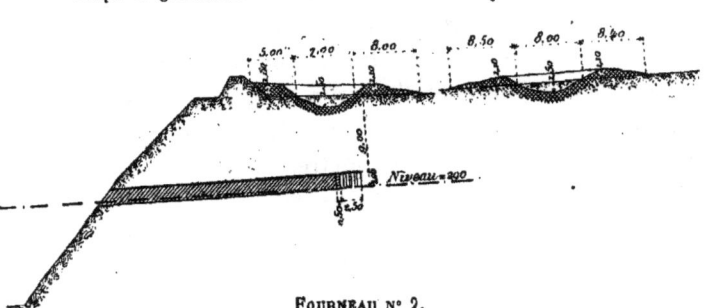

Fourneau n° 2.

Coupe longitudinale.   Coupe transversale.

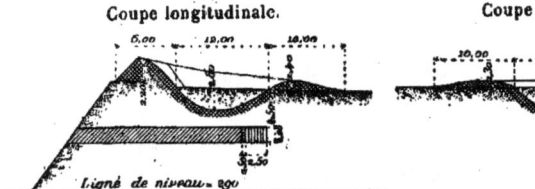

Fourneau n° 3.

Coupe longitudinale.   Coupe transversale.

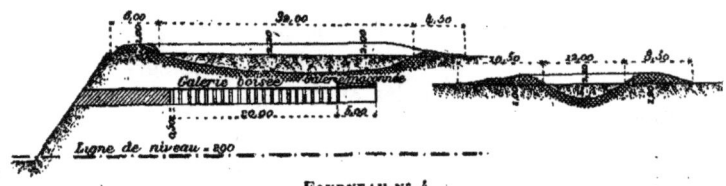

Fourneau n° 4.

Coupe longitudinale.   Coupe transversale.

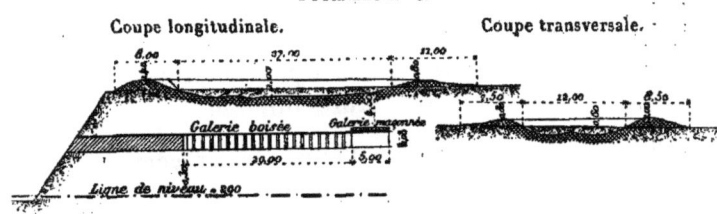

Expériences du 7 août 1897, à la carrière Sainte-Elisabeth.
Coupe des excavations. — Echelle de $0^m,00125$ p. m.

« *Expérience n° 4*. — Le bruit de la détonation, la
« densité et la hauteur de la gerbe diffèrent peu des
« résultats obtenus dans la deuxième expérience.

« Les longueurs des axes de l'ellipse recouverte par la
« masse des projections sont d'environ 43 et 29 mètres.

« Des petites projections isolées sont allées retomber
« à une distance maximum de 80 mètres, mais elles ne
« représentent que des fragments insignifiants.

« Un certain nombre de briques provenant de la
« partie maçonnée au fond de la galerie, sont retrouvées
« à la surface du sol, les plus éloignées à 22 mètres
« environ de leur emplacement primitif.

« L'entonnoir formé a une profondeur de $2^m,10$ à
« $2^m,20$, une longueur de 32 mètres et une largeur de
« 10 mètres.

« Il y a d'ailleurs lieu de remarquer ici que, dans la
« pratique, les distances de ces projections ne pour-
« raient que diminuer encore. Chaque dynamitière
« souterraine aurait, en effet, une galerie d'accès par
« où s'échapperait plus ou moins directement, suivant
« la forme donnée à cette galerie, une partie des gaz
« produits par l'explosion, en atténuant dans une cer-
« taine proportion la violence des effets extérieurs.

« La Commission estime qu'il est possible de déduire
« de tous ces essais les règles que l'on devra suivre
« dans l'établissement des dynamitières superficielles.

« Les dangers à prévoir par suite de l'explosion acci-
« dentelle d'une dynamitière placée à peu de profon-
« deur dans le sol, sont de trois ordres différents :

« 1° Dangers de propagation à l'intérieur par com-
« pression ou ébranlement des terres ;

« 2° Dangers dus soit aux projections et chasses
« gazeuses, soit à la propagation de l'ébranlement à
« l'extérieur, par l'orifice des galeries d'accès aux
« dynamitières ;

« 3° Dangers résultant soit des projections exté-
« rieures, soit de la propagation de l'ébranlement à
« l'extérieur dans le cas où la dynamitière fonction-
« nerait comme fourneau de mines.

1° *Dangers de propagation à l'intérieur des terres.*

« Toutes les expériences exécutées montrent que
« l'action transmise à travers les terres est annihilée à
« une distance très faible.

« Les formules du génie admettent que si l'on
« appelle h la profondeur à laquelle il faudrait placer
« une charge de poudre pour obtenir le fourneau ordi-
« naire d'indice égal à l'unité, la distance maximum
« au-delà de laquelle une galerie n'éprouve pas de
« dommages sérieux, est donnée par la relation

$$d = 1.75\, h$$

« Le tableau ci-après donne, suivant la nature des
« terrains et les charges des dynamitières, les distances
« ainsi calculées :

Charge de dynamite.	Terre légère.	Terre mélée de pierres.	Roc ou bonne maçonnerie.
200	12	10	9
500	16	14	12
1.000	21	17	15
1.500	24	20	17
2.000	26	22	19

« Les nombres donnés pourront, en particulier, être
« considérés comme représentant les épaisseurs de
« terre à ménager entre deux dynamitières, dans le
« cas où l'établissement de plusieurs magasins parai-
« trait avantageux.

2° *Dangers résultant de l'ouverture de la galerie d'accès aux dynamitières.*

« L'expérience exécutée à Blanzy le 21 décembre
« 1895, a permis de répondre à cette deuxième partie
« du problème. Il suffit de faire déboucher la galerie
« d'accès en tranchée devant un merlon, dans lequel
« on aura eu soin de ménager une chambre réceptrice
« capable de recueillir et de fixer les matériaux pro-
« jetés.

3° *Dangers à craindre lorsque la dynamitière fonctionne comme fourneau de mine.*

« Deux cas principaux peuvent être considérés : ou
« bien l'on disposera de terrains dont la nature et la
« configuration seront telles qu'il sera possible d'établir
« les magasins à une profondeur assez grande pour
« que, si une explosion accidentelle vient à se pro-
« duire, les effets se réduisent à un camouflet, sans
« formation d'entonnoir, ni projections supérieures ;
« ou bien, au contraire, on ne pourra établir ces maga-
« sins qu'à une profondeur relativement faible et les
« projections extérieures seront à prévoir.

1ᵉʳ cas. — « Tous les résultats d'expériences mon-
« trent que si une charge de poudre placée à une cer-
« taine profondeur donne un fourneau ordinaire, une
« charge égale de dynamite, placée à une profondeur
« double dans ce même terrain, agira au plus comme
« camouflet limite ; il est possible en partant de ces
« données de calculer les épaisseurs de terre à con-
« server au-dessus des magasins pour n'avoir à craindre
« aucune projection supérieure. Les nombres des
« tableaux suivants ont été calculés de cette façon.

Dynamitière à charge condensée.

Charge de dynamite.	Terre légère.	Terre mêlée de pierres.	Roc ou bonne maçonnerie.
200	10	8	7
500	14	11	10
1.000	18	15	13
1.500	21	17	15
2.000	23	19	17

« Dans le cas où l'approvisionnement serait réparti
« dans un magasin en forme de galerie allongée, les
« épaisseurs comprises dans le tableau précédent
« pourraient être sensiblement diminuées. La Commis-
« sion estime d'après les résultats des expériences
« qu'elle a fait exécuter que pour un allongement de
« la charge égal à trois fois l'épaisseur correspondante
« du tableau précédent, on pourra réduire cette épaisseur
« d'un tiers.

Dynamitières à charge allongée répartie uniformément dans toute la longueur

CHARGE de dynamite.	TERRE LÉGÈRE		TERRE MÊLÉE DE PIERRES		ROC ou BONNE MAÇONNERIE	
	Longueur.	Epaisseur.	Longueur.	Epaisseur.	Longueur.	Epaisseur.
200	30	7	26	6	21	5
500	42	9	35	8	30	7
1.000	54	12	45	10	39	9
1.500	63	14	53	12	45	10
2.000	69	15	57	13	50	11

« 2ᵉ *Cas*. — On peut remarquer tout d'abord combien
« la présence d'une épaisseur de terre, même faible,

« atténue la violence du bruit de la détonation et
« supprime tout dégât possible par l'ébranlement de
« l'air même aux plus petites distances.

« En tenant compte des résultats obtenus à Blanzy
« et les étendant à des charges plus fortes, d'après
« les données fournies par les essais effectués à la
« poudrerie de Sevran-Livry on a dressé le tableau
« suivant donnant les épaisseurs de terre à ménager
« au-dessus des dynamitières pour pouvoir n'exiger
« qu'une zone de protection de 50 mètres, le terrain
« étant supposé homogène, meuble, ne contenant pas
« de grosses pierres, très peu argileux, d'une consis-
« tance moyenne au plus égale à celui de Blanzy.

CHARGE DE DYNAMITE	CHARGE CONDENSÉE — Epaisseur.	CHARGE ALLONGÉE	
		Longueur.	Epaisseur.
200	3	16	2
500	4,50	24	3
1.000	6,50	40	5
1.500	8	44	5,50
2.000	9	48	6

« Si l'on ne dispose pas d'un terrain bien homogène,
« friable, sans grosses pierres, il sera indispensable
« d'enlever la partie située au-dessus des magasins et
« de la remplacer par un remblai approprié. De nombreux
« exemples tirés des expériences effectuées par le génie
« montrent, en effet, que dans les terrains compacts de
« nature argileuse et surtout rocheuse, les explosions
« de fourneaux de mines peuvent donner lieu à des
« projections lointaines et dangereuses, impossibles à
« prévoir. Les remblais devront être constitués par du
« sable, du gravier, de la terre très sablonneuse, en

« un mot par des matériaux de très faible volume (au
« plus 4 centimètres de diamètre) et incapables de
« s'agglutiner avec le temps sous l'action des pluies
« et de leur propre poids, mais la Commission estime
« qu'il suffira d'établir ces remblais sur une épaisseur
« de 3 mètres à partir du sol.

« La Commission, avant de clore ses travaux, ne peut
« qu'insister sur le progrès réel qui serait réalisé par
« la création des magasins souterrains. Il suffit d'une
« épaisseur de terre relativement faible pour supprimer
« d'une façon absolue, tout ébranlement dangereux et
« limiter dans une zone très restreinte la masse des
« projections extérieures. Il est certain, au contraire, que
« l'explosion fortuite d'une dynamitière actuelle serait
« pour le voisinage une cause de réels dangers soit
« par la projection des divers matériaux de construction,
« que les merlons de protection ne pourraient arrêter
« d'une façon complète, soit par l'ébranlement atmos-
« phérique dû à la détonation ; de nombreux exemples
« montrent en effet que cet ébranlement se transmet
« avec une grande intensité à des distances consi-
« dérables. »

Il résulte de l'ensemble de ces recherches que les conditions actuelles de sécurité des magasins d'explosifs peuvent être considérablement améliorées par l'emploi de dispositifs d'une réalisation facile et relativement peu coûteuse. Cet accroissement de sécurité permet de diminuer les exigences de la réglementation auxquelles l'établissement de ces dépôts était jusqu'ici astreint.

Pour les magasins souterrains, l'emploi des logements isolés maçonnés renfermant chacun une seule caisse de dynamite permet de restreindre la limitation des quantités d'explosifs accumulés dans la mine.

Pour les magasins superficiels l'emploi d'une couverture de terre suffisamment épaisse permet de réduire de 500 mètres à 50 mètres l'étendue de la zone de protection dans laquelle il ne doit pas y avoir d'habitations autour d'une dynamitière.

Il est à désirer qu'une nouvelle réglementation sur la matière vienne rapidement sanctionner un progrès qui peut être considéré comme définitivement acquis.

Le 20 février 1900.

Société de l'Imp. Théolier, J. Thomas et Cie

Original en couleur
NF Z 43-120-8

EXTRAIT DES RÈGLEMENTS

DE LA

SOCIÉTÉ DE L'INDUSTRIE MINÉRALE

La Société de l'Industrie minérale a pour objet de concourir au progrès de l'art des mines, de la métallurgie et des industries qui s'y rattachent.

Le nombre des membres est illimité. Les Etrangers peuvent en faire partie comme les Français, ainsi que les Sociétés industrielles et commerciales.

Pour pouvoir être nommé membre, il faut être admis par le Conseil d'administration, sur la présentation de deux sociétaires.

Chaque membre s'engage à payer une cotisation annuelle, qui est de 30 francs pour les membres résidant en France et 35 francs pour l'Etranger, et peut être remplacée par le versement en capital d'une somme de 500 francs moyennant lequel le membre devient sociétaire à vie, ou par le paiement d'une somme de 1.000 francs moyennant lequel il deviendra sociétaire à perpétuité.

Les sociétaires ont droit à l'envoi gratuit de toutes les publications de la Société.

La Société poursuit son but par des réunions à Saint-Etienne et dans les principaux centres industriels, par des publications et par des encouragements. Pour les réunions partielles, la Société est divisée en districts.

La Société publie un Recueil trimestriel connu sous le nom de *Bulletin de la Société de l'Industrie minérale* et des *Comptes Rendus* mensuels des réunions des différents districts.

Tout auteur d'un mémoire inséré au *Bulletin* pourra obtenir la remise gratuite de 20 exemplaires de son travail, pourvu qu'il en fasse la demande lors de l'envoi de son manuscrit. Il pourra aussi en faire faire un tirage à part, mais à ses frais.

Le Conseil d'administration distribue chaque année des médailles aux auteurs des meilleurs travaux publiés dans le *Bulletin* ou les *Comptes Rendus.*

L'Assemblée générale peut décerner des médailles pour les travaux et inventions jugés dignes d'une distinction exceptionnelle.

La Société rend compte dans ses publications des ouvrages français et étrangers que leurs auteurs veulent bien lui faire parvenir.

Elle accepte également l'échange avec les recueils et journaux scientifiques et technologiques.

www.ingramcontent.com/pod-product-compliance
Lightning Source LLC
Chambersburg PA
CBHW071346200326
41520CB00013B/3122